N° Y-
8554

Imitation toile : Un franc 40 c

COLLECTION PICARD

BIBLIOTHÈQUE D'ÉDUCATION RÉCRÉATIVE

ENFANTS ET ANIMAUX

PAR

Mme W. DE CONINCK

AVEC GRAVURES DANS LE TEXTE

DEUXIÈME ÉDITION

PARIS
LIBRAIRIE PICARD-BERNHEIM ET Cie
11, RUE SOUFFLOT, 11
1885
(Propriété réservée)

BIBLIOTHÈQUE D'ÉDUCATION RÉCRÉATIVE

ENFANTS ET ANIMAUX

8° Y2
8554

CORBEIL. TYP. ET STÉR. CRÉTÉ.

Le pinson est un joli petit oiseau chanteur.

COLLECTION PICARD

BIBLIOTHÈQUE D'ÉDUCATION RÉCRÉATIVE

ENFANTS ET ANIMAUX

PAR

Mme W. DE CONINCK

AVEC GRAVURES DANS LE TEXTE

DEUXIÈME ÉDITION

PARIS

LIBRAIRIE PICARD-BERNHEIM ET Cie

11, RUE SOUFFLOT, 11

Tous droits réservés

Tout exemplaire de cet ouvrage non revêtu de la signature des éditeurs sera réputé contrefait.

LE NID DE PINSONS

LE NID DE PINSONS

LES ENFANTS DOIVENT OBÉISSANCE
A LEURS PARENTS

— Pousse-toi, petit frère, disait un jeune pinson, qui commençait à avoir des plumes, mais qui n'avait pas encore quitté le nid. Je n'ai pas assez de place, nous sommes trop à l'étroit. C'est bien ennuyeux d'être ainsi serrés les uns contre les autres. Ah! voilà maman! Qui aura cette bonne becquée? Un joli ver, je crois.

— Moi! moi! moi! crièrent-ils tous à la fois, et six petits becs s'ouvrirent tout grands.

— Patience, mes minets, dit la mère, c'est maintenant le tour de Nini ; gourmand de Friquet, tu as attrapé la bébête qui était destinée à ta petite sœur ! Comme

Qui aura cette bonne becquée ? Un joli ver, je crois.

c'est vilain de faire tort à cette pauvre mignonne qui est la moins avancée de vous tous ! Ah çà ! soyez sages et ne bougez pas, je vais vous en chercher une autre, et votre papa travaille aussi pour vous. Comment, Monsieur Coco, vous montez tout debout sur

le bord du nid et vous secouez vos ailes !
Imprudent, voudriez-vous déjà essayer de
voler ? Ne savez-vous pas que si vous tombez
vous êtes perdu ? Nous sommes entourés
d'ennemis de tous les côtés, mes pauvres
enfants, et si la Providence ne nous protégeait
tout particulièrement, il y a longtemps qu'il
n'y aurait plus un seul oiseau pour chanter
dans les prés et les bois. Ainsi, défense
absolue de quitter le nid ; lorsque le moment
en sera venu, nous vous avertirons.

Cela dit, elle part au loin.

— Mère se trompe, dit le petit Coco,
l'aîné de la bande, celui qui se trouvait trop
à l'étroit. Je sens que je pourrais parfaitement voler ; tout aussi bien qu'elle je vais
essayer d'aller seulement jusqu'à cette
branche qui est là tout près.

— Oh non ! mon frère, je t'en prie, dit le
petit Zizi, ne le fais pas, ne désobéis pas à
maman ; ce serait très mal.

— Bah ! bah ! mère n'en saura rien, je
rentrerai dans le nid avant qu'elle ne re-
vienne. Et le voilà qui s'élance.

Hélas ! les ailes sont encore trop courtes et

trop faibles ; puis il ne sait pas se diriger, il manque la petite branche et va en voletant tomber sur le gazon. Aussitôt un jeune chat, qui jouait près de là avec une petite fille, se précipite sur le pauvre oiselet. Il le saisit avec ses dents pointues et allait le croquer, lorsque la bonne petite Madeleine prend le chat par le cou et le force à lâcher prise. Elle ramasse le pauvre oiselet, le pose avec précaution sur le creux de sa main, et tout heureuse de ne lui voir aucune blessure, elle court à la maison le montrer à sa maman.

— C'est un pinson, lui dit sa mère. C'est l'oiseau dont tu entends si souvent dans le jardin la gaie et vive chanson.

— Est-ce que ce petit-là sait déjà chanter ? demanda Madeleine.

— Oh non ! Ce sont les papas qui chantent pour amuser les mamans pendant qu'elles sont en train de couver. Maintenant on ne les entend plus autant parce qu'ils sont occupés à chercher de la nourriture pour leurs petits.

— Maman, je vais mettre mon pinson dans la cage où était mon serin, et quand il sera grand, il me chantera de jolies chansons.

— Je veux bien que tu essayes de l'élever, car nous ne pouvons pas le remettre dans son nid, et il ne sait pas assez bien voler pour se tirer d'affaire tout seul; il serait donc cruel de l'abandonner. Seulement je crains que tu n'aies bien de la peine, car il est trop grand pour te prendre pour sa mère et t'ouvrir son bec, et cependant il ne sait pas manger seul.

COCO DANS LA CAGE

Madeleine, enchantée d'avoir la permission de garder son cher petit oiseau, courut chercher sa cage, y mit un peu de foin et posa Coco dessus; mais celui-ci, tout effrayé, commença à voleter çà et là et à meurtrir ses ailes et son bec contre les barreaux de la cage. Madeleine, sous la direction de sa bonne, prépara une petite pâtée avec de l'œuf dur, de la mie de pain et du chènevis pilé. Lorsqu'elle voulut en faire manger à Coco, impossible de lui persuader d'y goûter.

Il s'entêtait à tenir son bec fermé, et, même de force, on ne pouvait rien lui faire avaler, il crachait aussitôt ce qu'on avait réussi à lui fourrer dans le bec.

La petite fille toute désolée vint en pleurant dire à sa mère qu'elle pensait bien que son pauvre oiseau allait mourir, puisqu'il ne voulait rien manger.

— Mets sa cage sur la fenêtre, dit la maman, et laisse-le tranquille ; peut-être plus tard sera-t-il moins entêté.

Coco, ne voyant plus personne autour de lui, et sentant l'air pur du jardin, se calma et resta immobile. Il était bien fatigué, les dents de Minet l'avaient meurtri, il avait faim.

Après avoir poussé quelques *cuic, cuic,* lamentables, il ferma les yeux et allait s'endormir, peut-être pour ne plus se réveiller, lorsqu'un battement d'ailes et un petit cri bien connus le firent tressaillir. Il regarde. Oh bonheur ! c'est sa mère ! Sa mère, là, sur le bord de la fenêtre, avec un bon petit insecte dans le bec. Il veut se précipiter vers elle, mais il se heurte aux barreaux de la cage.

Cependant elle réussit à faire passer la

nourriture de son bec dans celui de son cher enfant; puis elle lui dit :

— Petit ingrat, petit désobéissant, comment as-tu pu quitter ce nid si mollet que ton père et moi nous avions pris tant de peine à préparer, et dans lequel nous vous soignions si bien ? Comment as-tu pu nous faire ce chagrin ? Je te croyais perdu lorsque tout à l'heure j'ai entendu tes faibles cris.

— Oh ! maman, maman, emmène-moi, remets-moi dans ce bon nid ; je suis si fâché de l'avoir quitté ! je suis si mal ici ! j'ai froid, je suis faible.

— Mon pauvre chéri, cela m'est impossible ; vois ces barreaux, je ne puis ni les briser ni te faire passer au travers ; mais tranquillise-toi, je t'apporterai à manger autant qu'à tes frères. Hélas ! comment ferai-je, avec tant d'occupations ? Dépêche-toi d'apprendre à manger seul, car ton père et moi nous avons beau chercher, voleter du matin au soir, nous ne pouvons plus y suffire. Vous avez de trop gros appétits et vous êtes trop nombreux. Cependant, sois tranquille, nous ne t'abandonnerons pas.

En effet, depuis ce moment, tantôt elle, tantôt le papa apportèrent d'heure en heure une becquée au pauvre prisonnier.

Madeleine s'étonnait que son petit oiseau, qui ne voulait toujours pas manger, ne mourût pas et même de voir qu'il paraissait se porter de mieux en mieux. Enfin, un jour qu'elle était au jardin, elle aperçut les parents qui volaient sur la fenêtre et lui donnaient la becquée. Elle en fut bien contente et, depuis ce jour, elle ne le tourmenta plus pour lui faire ouvrir le bec et se contenta de mettre le pot à la pâtée sur la fenêtre, afin que la mère pût non seulement lui en donner, mais en emporter pour ses autres enfants.

Bientôt Coco connut sa petite maîtresse. Quand elle le lâchait dans sa chambre, il volait sur ses genoux, sur son épaule, et picotait les boucles de ses cheveux. Il avait appris à manger seul et venait picorer dans sa main le mouron ou les miettes de gâteaux qu'elle lui donnait. Il avait aussi appris à voler tout à fait bien, et lorsqu'il était en liberté dans la chambre, il s'amusait beaucoup, mais quand on le renfermait dans sa cage, il était tout triste. Ses frères et ses sœurs avaient maintenant quitté le nid, ils venaient, comme pour lui faire envie, voler et chanter devant sa fenêtre. Un jour que sa

Tantôt la maman, tantôt le papa apportaient à manger au pauvre prisonnier.

sœur Nini lui avait raconté comme c'est amusant de voler d'arbre en arbre et de poursuivre les petites mouches, il était encore plus triste que de coutume. Il se tenait sur une patte avec la tête renfoncée dans ses plumes ébouriffées.

2

Madeleine le regardait.

— Maman, dit-elle, pourquoi est-il si triste, mon pinson? Que lui manque-t-il? Il a à boire et à manger et n'a pas besoin, comme les autres oiseaux, de se fatiguer pour trouver sa nourriture.

— Ma fille, il lui manque la liberté.

— Mais, maman, je le lâche tous les jours dans ma chambre, et là il peut voler. C'est grand pour lui.

— Dis-moi, si tu devais rester toujours enfermée dans la maison, serais-tu contente? C'est grand pour toi; tu as bien la place pour courir dans les corridors.

— Oh! mère, moi qui aime tant me promener, jouer dans le jardin, je mourrais d'ennui, bien sûr. Pense donc qu'il y a déjà huit jours que je me réjouis de la promenade que nous devons faire dimanche.

— Eh bien! si toi, née dans une maison et y ayant passé la plus grande partie de ta vie, tu as aussi grand besoin de liberté et d'espace, qu'est-ce que cela doit être pour ce pauvre petit enfant de l'air, qui était destiné à vivre dans les grands arbres et à voler sans cesse?

— C'est vrai, pauvre petit! je vais le lâcher.

Elle le prit dans sa main et l'embrassa tendrement.

COCO A LA LIBERTÉ

— Mon cher Coco, est-ce la dernière fois que je te vois? Mon gentil compagnon, toi que j'aime tant! Et c'est justement parce que je t'aime tant, que je vais te donner la liberté. Tiens, vole, va vers tes parents et sois heureux.

Elle ouvre la main. Coco, étonné, hésite un instant, puis vole vers l'arbre voisin. Il entonne pour la première fois sa joyeuse chansonnette. Est-ce un remerciement? est-ce un adieu?

Le lendemain, Madeleine était seule dans sa chambre. Elle regardait la cage vide restée sur la table. Coco lui manquait. Elle était triste. Tout à coup elle entend un bruit d'ailes : c'est Coco! il est entré, il est là sur son épaule, il picote ses boucles de cheveux. Elle veut le prendre, mais non, la cage est là, il a peut-être peur qu'elle ne se repente de sa générosité. Il s'envole, va de nouveau chanter sa chanson sur l'arbre et disparaît.

Chaque jour il vint ainsi lui faire une courte visite et manger les friandises qu'elle mettait pour lui sur la table. Cela dura jusqu'à l'automne, puis il disparut.

Madeleine crut qu'il lui était arrivé un accident et le pleura.

Le printemps suivant, par une belle matinée, elle était debout près de sa fenêtre ouverte, lorsqu'elle vit un beau pinson, à la gorge rouge et au bec gris clair, se poser sur l'arbre qui était en face d'elle. Il entonna gaiement sa chanson et une gentille femelle vint se mettre près de lui. Tous deux eurent l'air de chercher une bonne place, et ils commencèrent à construire un nid, si près de la fenêtre que Madeleine pouvait voir tout ce qui s'y passait.

Elle croyait bien que ce beau pinson était Coco, mais elle n'en était pas sûre, d'abord parce que son plumage était devenu tout différent, et ensuite parce que, tant qu'il bâtit son nid et que sa femme couva, il ne

Le pinson.

vint ni sur la fenêtre ni dans la chambre.

Un beau jour Madeleine eut le plaisir de voir dans le nid cinq petits corps roses et cinq petits becs qu'on ouvrait tant qu'on pouvait. Alors le papa prit courage, lorsqu'il vit ses enfants si piaillards et si gourmands. Non seulement il revint sur la fenêtre et dans la chambre pour y chercher de la nourriture, mais il y amena sa petite compagne, et plus tard ses jeunes enfants l'y suivirent aussi.

La bonne petite Madeleine fut bien récompensée du sacrifice qu'elle avait fait, par le plaisir qu'elle eut à voir élever ces gentils oiseaux, et par la satisfaction de pouvoir aider son cher Coco à nourrir sa nombreuse et intéressante famille.

L'ÉLÉPHANT

Au Jardin des Plantes on a rassemblé des biches, des daims
et des animaux de toutes sortes.

L'ÉLÉPHANT

UNE VISITE AU JARDIN DES PLANTES

— Maman, disait un jour la petite Marie, veux-tu que nous allions au Jardin des Plantes? Il fait si beau temps aujourd'hui !

— Oh ! oui, je t'en prie, chère petite mère, ajouta son frère Charles; c'est si ennuyeux de se promener toujours dans les rues de Paris ! Il y a tant de monde et il faut toujours donner la main à sa bonne.

— Tu n'as pas été trop sage cette semaine, lui répondit sa maman, et tu ne mérites guère qu'on te fasse ce plaisir.

— Oh ! maman, je t'en supplie, je serai si sage, si sage, la semaine prochaine ! et puis, .

tu vois, Marie en a aussi bien envie, et elle a été sage, elle.

— C'est vrai, dit sa sœur, il y a très longtemps que je n'ai vu mon bon ami le gros éléphant, et j'aimerais à lui faire une visite.

L'éléphant.

CHARLES. — Quel mauvais goût tu as! Comment peux-tu aimer cette grosse vilaine bête avec sa vieille peau ridée et son affreuse couleur gris sale? Moi, j'aime beaucoup mieux les ours et les tigres.

MARIE. — Parce qu'ils sont méchants comme toi.

Charles. — Pas du tout, c'est toi qui aimes ton éléphant parce qu'il est bête comme toi.

— N'est-ce pas, maman, que les éléphants ne sont pas bêtes, dit Marie tout émue de l'injure qu'on faisait à son bon ami.

— Non, ma chérie, lui répondit sa maman, les éléphants sont fort intelligents; mais vous êtes de vilains enfants de vous disputer ainsi. Allez dire à votre bonne de vous arranger pour sortir, je vous permets d'aller au Jardin des Plantes avec elle.

— Quel bonheur! quel bonheur! s'écrièrent les enfants, et en dix minutes ils furent prêts et partirent gaiement, emportant chacun quatre sous que leur maman leur avait donnés pour acheter leur goûter.

Le Jardin des Plantes est un des endroits de Paris où l'on a rassemblé de belles collections de plantes et d'animaux. A la porte du Jardin, il y a toujours de petites boutiques où l'on vend des jouets, des gâteaux et des petits pains. Charles choisit deux des plus gros et des meilleurs gâteaux et les mangea tout de suite; quant à Marie, elle acheta deux petits pains et mangea un seul gâteau. Elle avait tant d'amis dans le jardin, auxquels elle voulait faire plaisir en leur donnant du pain : de gros moutons de races étrangères, qui accouraient à sa rencontre suivis de leurs agneaux ; de petites chèvres si caressantes, des biches, des gazelles, des daims, qui la

Une brebis de race étrangère et son agneau.

regardaient avec de beaux yeux si suppliants, puis des paons, des pintades et toutes sortes de superbes oiseaux.

Charles ne s'intéressait pas à ces animaux-là. Il marchait d'un air grognon, ouvrant et fermant sans cesse un petit couteau pointu qu'on lui avait donné le jour précédent. Il n'eut point de repos qu'il n'eût entraîné sa sœur et sa bonne devant les fosses aux ours.

Ses bons amis étaient paresseusement couchés à terre, et comme il n'avait rien à leur donner, il ne put jamais leur persuader de se remuer et de monter à leurs arbres, ce qui est pourtant très amusant à voir.

Les singes furent plus complaisants, et les enfants restèrent longtemps arrêtés devant leur palais. On appelle ainsi une immense cage ronde dans laquelle ils sont enfermés. Là, ils ont des cordes, des barres, des trapèzes pour faire la gymnastique, et ils sont bien plus habiles que les petits garçons, bien qu'ils n'aient jamais pris de leçons.

Leurs sauts, leurs gambades, l'air grave de quelques-uns, qui étaient très occupés à faire la toilette à leurs compagnons, firent beaucoup rire Marie, mais elle poussa un cri d'horreur lorsqu'elle s'aperçut qu'un de ces graves personnages, si obligeants, paraissait trouver une masse de petites bêtes dans le poil de son camarade et qu'il les mangeait avec délices.

De là, ils allèrent voir la girafe, le chameau et l'éléphant.

ON NE DOIT PAS FAIRE DE MAL
AUX ANIMAUX

Marie avait gardé un petit pain tout entier pour son gros ami : aussi, dès qu'il la vit approcher, il passa sa trompe au travers des barreaux de son enclos, et la lui tendit en clignant de l'œil d'une manière tout à fait amicale. Il prenait très délicatement chaque petit morceau de pain, le portait à sa bouche, puis présentait de nouveau sa trompe. Lorsqu'il vit que la petite fille n'avait plus rien à lui donner, il la tendit à Charles ; mais celui-ci, qui avait justement son couteau ouvert, lui piqua fortement le bout de la trompe. L'animal poussa un cri rauque et se retira mécontent.

La bonne, qui s'était aperçue de la chose, gronda Charles et ramena les deux enfants à la maison.

Il se passa plus d'un mois avant que Charles et Marie revinssent au Jardin des Plantes.

C'était par un bel après-midi de dimanche,

et le petit garçon qui était très coquet avait insisté pour qu'on lui mît un joli petit costume tout neuf et son plus beau chapeau. Cette fois encore, il arriva devant l'enclos de l'éléphant, ayant mangé sa dernière miette de gâteau, tandis que sa sœur avait ses poches pleines de croûtes de pain. L'éléphant en mangea deux ou trois morceaux; puis, au grand étonnement de Marie, au lieu de continuer à lui tendre sa trompe, il alla la plonger dans son bassin plein d'eau sale. Marie avait beau l'appeler, il ne bougeait pas; enfin la petite, impatientée, fit quelques pas pour s'en aller, tandis que son frère restait là, bouche béante. L'animal, qui les examinait du coin de l'œil, revient très vite, dirige le bout de sa trompe vers le jeune garçon, et lui souffle à la figure une masse d'eau bourbeuse, qu'il avait aspirée dans le bassin. Aveuglé, suffoqué, le pauvre Charles fut un instant sans pouvoir crier; puis, lorsqu'il vit dans quel état il était, il éclata en sanglots. Son bel habillement neuf était tout dégouttant d'une eau verte et gluante, son chapeau aplati avait pris la forme d'une cuvette et sa chemise mouillée se collait contre sa peau.

C'est dans ce bel équipage qu'il lui fallut traverser tout le jardin et une partie de Paris pour retourner chez lui. Les gamins le poursuivaient, le montraient au doigt et se moquaient de lui; et sa bonne et sa sœur se tenaient en arrière, ayant honte de paraître l'accompagner.

Enfin, lorsqu'ils furent arrivés à la maison, il fallut bien dire aux parents ce qui était arrivé, et pourquoi l'éléphant l'avait ainsi traité.

Le papa fut si fâché de voir que son petit garçon avait été gourmand et cruel, qu'il le fit déshabiller et coucher sans souper.

LES TROIS SOURIS

Dans un fromage de Hollande demeuraient trois petites souris.

# LES TROIS SOURIS

CONSÉQUENCE DES MAUVAIS CONSEILS

Dans un beau fromage de Hollande, tout rond, avec une croûte rouge, demeuraient trois petites souris qui s'appelaient *Mimi*, *Titi* et *Topsy*. C'était leur maman qui leur avait creusé cette demeure; elle y avait fait une grande chambre au milieu, de toutes petites portes, et fort peu de fenêtres.

Dès qu'une des souris apercevait les moustaches ou le bout de la queue de Minet, elle poussait un petit cri, et vite les trois sœurs se réfugiaient dans la maison. Minet avait beau tourner autour du fromage, le pousser avec ses pattes et appliquer son nez rose contre les petits trous, il ne pouvait rien attraper. Quelquefois, il se cachait tout près de là et attendait; mais les souris étaient plus malignes que lui et se gardaient bien de sortir. C'était très commode pour elles ; quand elles avaient faim, elles grignotaient un peu les murailles de leur chambre, et, lorsqu'elles avaient soif, elles trouvaient une excellente liqueur dans les trous ronds qu'on appelle les yeux du fromage.

Quant à Minet, il fallait bien qu'il finît par aller chercher sa pâtée.

Un jour, Topsy fit un grand voyage dans le salon et dans la chambre à coucher de Madame. En revenant, elle dit à ses sœurs :

— Si vous saviez comme c'est beau par là, on marche sur un magnifique tapis de toutes les couleurs ; tout est si brillant, si doux, si moelleux, et partout de bonnes petites miettes de sucre, de gâteaux ou d'autres friandises.

— Et le chat! dit la prudente Titi, tu ne l'as pas rencontré?

— Oh! répondit Topsy, on ne permet pas à ce méchant Minet d'aller au salon, il se tient à la cuisine ou au grenier. En vérité, je vous dis que nous sommes bien sottes de rester dans cette cave où il vient si souvent, et d'habiter cette petite et sombre maison qui sent si mauvais, quand nous pourrions être bien mieux ailleurs.

— Mais, dit Mimi timidement, y a-t-il dans ces beaux salons de bons petits coins sombres où l'on puisse se mettre en sûreté, car enfin Minet n'est pas notre seul ennemi, les hommes nous poursuivent et nous tuent aussi? Par exemple, je n'ai jamais pu comprendre pourquoi, puisqu'ils ne nous mangent pas.

— Oh! reprit Topsy, il y a des cachettes, j'en ai examiné une qui paraît faite' exprès pour un nid de souris ; elle est sombre, douce, il y a des plumes dedans, une porte de chaque côté et juste assez de place pour y être bien à son aise. Adieu, je cours m'y installer.

— Moi, je te suis, dit Titi, ce fromage me semble affreux.

— Prenez garde! mes sœurs, leur cria Mimi, maman nous avait bien recommandé de ne pas quitter notre demeure et elle en savait plus long que nous,

Elle parlait en vain, les petites étourdies étaient déjà loin.

— Je ne les suivrai pas, dit-elle, mais rien ne m'empêchera, maintenant que je suis seule, d'embellir un peu ma maison. Et la voilà qui se met à l'œuvre, grignotant, grignotant, faisant une autre chambre, agrandissant les portes et perçant des fenêtres de tous les côtés.

Pendant qu'elle travaille ainsi, nous allons suivre Topsy et Titi. Cette dernière était très gourmande. En passant, elle met le nez dans l'office et est arrêtée tout net par les excellentes odeurs qu'elle y respire. Elle trotte, examine, grimpe et finit par se trouver sur la planche d'une armoire, devant un magnifique pâté de gibier.

— Oh ! oh ! dit-elle, quel merveilleux château ! je suis sûre qu'une bonne fée l'a fait exprès pour moi : mais comment y entrer ? je ne vois pas de porte. Décidément il n'y en a pas ! Eh bien ! je vais en faire une. Comme ces murailles sont molles et délicieuses à manger, et l'intérieur, qu'il est exquis ! Je suis bien aise que Mimi et Topsy ne soient

pas là pour me le disputer ; et là-dessus,
toute gorgée de nourriture, elle s'endormit.

IL FAUT SAVOIR SE CONTENTER
DE CE QUE L'ON A

Topsy, l'orgueilleuse, avait continué son
chemin et était allée à la recherche du nid
qu'elle avait trouvé si charmant. Il lui fallait du satin, de la ouate, du duvet, des
fourrures à cette demoiselle ! car c'était le
manchon de Madame qu'elle avait choisi
pour demeure.

Déjà elle avait fait plusieurs grands trous
dans la doublure et tiré les plumes pour
mieux faire son lit, lorsque Madame sonna
sa femme de chambre et lui dit de lui donner
son manchon, parce qu'elle allait sortir.

Le manchon était dans un carton dont la
bonne avait oublié de mettre le couvercle ;
elle le prend, le secoue et voilà la pauvre
Topsy qui tombe au fond du carton. Madame pousse un cri perçant, la bonne en
pousse trois ou quatre ; mais, sans perdre
la tête, elle saisit le carton, le ferme de son

couvercle et porte l'infortunée souris dans
la cour, où elle la lâche juste entre les pattes
de Minet. Vous jugez si celui-ci fut prompt

Minet ne se régala de Topsy que lorsqu'il se fut longuement
amusé avec elle.

à la saisir ; cependant il ne s'en régala que
lorsqu'il se fut longtemps amusé avec elle,
la transportant de place en place dans sa
bouche, la faisant courir, la rattrapant, lui

donnant un coup de griffe par-ci, un coup de dent par-là.

Au milieu du dîner, Monsieur aiguise son grand couteau et dit : — Enfin, nous allons goûter de cet excellent pâté de lièvre, c'est un cadeau que m'a fait un de mes amis. Il enfonce le couteau ; aussitôt on entend cuic, cuic, cuic ! et la malheureuse Titi, tout ensanglantée et la queue coupée, saute sur la table, de là par terre, et détale au plus vite.

Tout le monde se lève, on la poursuit en criant. Le domestique veut l'écraser sous son pied ; mais il glisse sur le parquet bien ciré et tombe sur le nez en travers de la porte ; Titi profite de la confusion pour se sauver, descendre l'escalier et se réfugier dans sa chère cave qu'elle regrette tant d'avoir quittée.

— Où est Mimi ? Où est notre maison ? dit-elle, ne voyant pas la précieuse boule rouge à sa place accoutumée. Hélas ! les morceaux étaient là, éparpillés, brisés. Mimi avait si bien travaillé que la croûte était devenue extrêmement mince. Minet, se sentant encore en appétit, après qu'il eut croqué Topsy,

était venu dans la cave voir s'il ne trouve-
rait pas une autre souris. Il aperçut Mimi
au travers des grandes fenêtres qu'elle avait
faites à son fromage. Il y enfonce sa griffe,
saisit la pauvrette et, dans les efforts qu'il
fait pour la tirer dehors, brise toute la mai-
sonnette.

— Oh! dit-il, je vais me venger de tous
les mauvais tours que tu m'as joués, petite
coquine, et je ne te croquerai que lorsque je
t'aurai bien tourmentée. Ah! tu crois que
tu pourras te sauver! pas du tout; on ne
m'échappe pas ainsi. Te voilà reprise. Un
petit coup de patte pour te punir. Quoi! tu
ne bouges déjà plus.

En effet, la malheureuse petite bête, à
moitié morte de frayeur et toute meurtrie,
avait renoncé à s'échapper et restait immobile. A ce moment, on entendit du bruit à la
porte de la cave. Le chat se retourna et Mimi,
ne sentant plus sa griffe, d'un bond se réfugia dans une vieille botte de paille où son
ennemi ne put la retrouver.

C'est là qu'après de longues recherches
Titi la découvrit, mais dans un bien triste

état. Elle-même était blessée et sans queue,
et toutes deux se dirent : — Comme nous
avons été sottes de ne nous être pas conten-
tées de notre vieille maison où nous étions si
bien ! Qu'avons-nous gagné à vouloir être
plus heureuses ! Nous voilà réduites à de-
meurer dans une sale botte de paille à moitié
pourrie et, pour comble de malheur, nous
avons perdu notre sœur et nous sommes
malades et estropiées.

Petits garçons et petites filles, ne faites
pas comme nous, et lorsque vous avez le
nécessaire, sachez vous en contenter, ou
sans cela, vous serez punis comme nous
l'avons été, en vous rendant moins heureux
que vous ne l'étiez auparavant.

LE PETIT PORCINET

Edwige et sa gouvernante.

LE PETIT PORCINET

A LA FERME

— Bonne nouvelle, dame Catherine, disait un jour Jean, le valet de charrue, à une fermière à l'air assez revêche. La grosse truie est une fameuse bête, elle a eu treize petits, cette nuit.

— Vraiment ! lui répondit-elle d'un air bourru. Et vous trouvez que c'est heureux ! Ne savez-vous pas que le nombre treize porte malheur et que jamais couvée ou portée de treize n'a réussi ?

— Bah ! dit Jean : pour les couvées ce sont des bêtises. Comme les truies n'ont que douze bouteilles à donner à leurs nourrissons et que ceux-ci gardent chacun la leur

et ne veulent pas la prêter à leurs frères, il
arrive quelquefois que le treizième meurt
faute de nourriture ; mais cela n'empêche
pas les douze autres de prospérer.

— Au jour d'aujourd'hui, on ne veut plus

La truie a eu treize petits.

rien croire, reprit dame Catherine aigrement. Moi, je ne donne pas là dedans. Je
ne pense pas toujours en savoir plus long
que nos pères. Ainsi, pour détruire le
mauvais sort, vous allez tuer le plus faible
des gorets.

Peut-être ne savez-vous pas, mes enfants,

que c'est ainsi qu'on appelle les petits d'un porc ou cochon, et que la femelle s'appelle une truie.

Lorsque la fermière fut partie, Jean se mit à examiner l'une après l'autre chacune de ces pauvres bêtes.

La petite vachère Louison avait assisté à cette scène. — Vraiment ! Jean, dit-elle, est-ce que vous aurez le courage de tuer un de ces pauvres mignons? Comme ils sont gentils ! On ne dirait jamais que cela doit devenir de gros vilains porcs. Ils sont si roses, si doux à toucher, et quelle drôle de petite queue tortillée ! Oh! je vous en prie, donnez-moi celui-ci, au lieu de le tuer. J'essayerai de l'élever.

JEAN. — Ah bien oui ! dame Catherine ferait un beau train, si je ne faisais pas comme elle me l'a ordonné. Je n'ai pas envie de perdre ma place, par amour pour un cochon.

LOUISON. — Mais, Jean, elle n'en saura rien. Je le cacherai si bien, et elle ne vient jamais aux champs où je passe toutes mes journées.

JEAN. — Tu ne pourras jamais l'élever, cela demande plus de soins qu'un enfant. Et puis comment le nourriras-tu ?

LOUISON. — Je le soignerai tout comme s'il était mon enfant et je lui donnerai du lait de la vache brune, la meilleure de toutes. Je la trairai pour lui chaque fois qu'il aura soif. Oh ! Jean, mon bon Jean, je vous en prie. Je suis si malheureuse, je m'ennuie tant, toute seule dans les champs, sans avoir autre chose à faire qu'à garder les vaches !

Le valet de ferme considéra un instant la pauvre petite fille noire, maigre, à peine vêtue, qui le regardait avec de grands yeux si suppliants. Il savait qu'elle était orpheline, élevée aux frais de l'hospice, et que chez dame Catherine elle recevait souvent des coups, jamais de caresses, et pour tout salaire une assez mauvaise nourriture.

Il eut pitié d'elle, et non seulement il finit par consentir à lui abandonner le petit cochon, mais il lui donna une vieille fiole à sirop, lui montra comme elle devait y mettre du lait et adapter un chiffon au gou-

lot, pour que l'animal pût le téter. Jamais
avare n'estima son trésor autant que la
pauvre Louison son singulier petit nourris-
son. Elle l'enveloppa dans un vieux châle
déchiré, le seul vêtement chaud qu'elle
possédât, et partit pour les champs en le tenant dans ses bras. De temps en temps, elle
entr'ouvrait le châle, embrassait tendrement
le petit museau rose et reprenait sa route à
la suite de ses vaches.

Après avoir beaucoup réfléchi à cette
grave question, elle baptisa le petit animal
du nom de Porcinet.

Toute la journée, elle le tint sur ses genoux et lui offrit à boire beaucoup plus souvent qu'il n'était nécessaire. Le soir, elle le
coucha auprès d'elle dans son lit. Ce n'était
pas très propre, mais la pauvre enfant n'a-
vait pas été élevée de façon à être très déli-
cate sur ces sujets-là. Elle continua ainsi à
le soigner, aussi vint-il à merveille, et bientôt il connut sa petite maîtresse et put jouer
et folâtrer autour d'elle. Dès qu'il fut assez
solide sur ses jambes, il se mit à la suivre
partout où elle allait. Il l'aimait beaucoup

et paraissait tout aussi intelligent qu'un chien.

Pendant quelque temps on réussit à le cacher aux yeux perçants de dame Catherine; mais, un beau jour qu'il rentrait avec

La ferme appartenait à dame Catherine.

les vaches, il vint justement se jeter dans les jambes de la fermière. Comme les douze petits frères venaient à merveille, celle-ci ne se fâcha pas trop, et se contenta de dire : — Cela en fera un de plus à vendre au marché.

Louison prit ces paroles pour une vaine menace. Vendre Porcinet! son enfant chéri, le seul être qui l'aimât, cela n'était pas possible! Autant aurait valu lui arracher le cœur.

LOUISON ET EDWIGE

La fillette menait souvent paître ses vaches sur une colline qui dominait le parc du comte de Chéhon, le propriétaire de la ferme. Il y avait là quelques beaux chênes, sous lesquels elle s'étendait. Un jour elle vit dans ce parc, ordinairement désert, une petite demoiselle vêtue d'une manière très élégante, qui paraissait à peu près de son âge, et qui était très pâle et très mince. Un joli petit chien la suivait et elle portait dans ses bras une superbe poupée presque aussi grosse qu'un enfant.

— Comme elle doit être heureuse! se dit Louison : elle a tout ce qu'il lui faut, elle! Sa robe est bien belle! et la mienne qui est si courte, si sale, si déchirée! Elle a de si jolies petites bottines, tandis que moi, je vais

pieds nus sur les cailloux ; et surtout elle a
des gens qui la soignent et qui l'aiment, elle
a un papa et une maman! Comme cela doit
être bon d'avoir un papa et une maman, car
enfin, ils sont forcés de vous aimer, ils ne
peuvent pas faire autrement. Moi je ne suis
pas la vraie maman de Porcinet, et pourtant,
parce que j'ai eu la peine de l'élever, je
l'aime, je l'aime de tout mon cœur. Il est
vrai que c'est un amour de petit cochonnet,
ajouta-t-elle en passant la main sur les poils
encore doux et soyeux de l'animal, qui se
frottait contre elle avec tendresse. Puis, re-
gardant de nouveau dans le parc, elle reprit :
M{^{lle}} Edwige n'a pourtant pas l'air de s'amuser ; car je pense bien que cette petite fille
doit être M{^{lle}} Edwige de Chéhon, la fille de
M. le comte, qui est arrivée hier soir. La
voilà qui donne sa poupée à tenir à cette
demoiselle si roide qui la suit partout. Elle
s'asseoit sur un banc d'un air ennuyé, et elle
repousse son chien qui veut la caresser.

— Miss May, disait en effet Edwige à sa
gouvernante anglaise, je m'ennuie ici, on
ne voit personne.

— Il est vrai, mon enfant, lui répondit-elle, que ce n'est pas ici comme à Paris; mais vous savez que le docteur vous a ordonné l'air de la campagne.

— Le docteur, reprit l'enfant en bâillant, m'a ordonné de me distraire, et moi, je m'ennuie toujours. Oh! miss, s'écria-t-elle en changeant de ton, voyez donc cette petite paysanne là-bas! Quel singulier animal elle a avec elle! Est-ce un chien? Je n'en ai jamais vu de pareil.

Miss May prit lentement son pince-nez dans sa poche, l'ajusta sur son nez long et pointu, et, après avoir bien regardé, déclara qu'elle ne pouvait imaginer de quelle espèce était cet étrange animal.

— Je croyais que vous saviez l'histoire naturelle, lui dit Edwige d'un air un peu moqueur. Eh bien! pour nous instruire, allons l'examiner de plus près. Je crois qu'il y a une porte de ce côté-là.

— Mais, ma chère Edwige, vous allez vous fatiguer, et je ne sais pas si c'est convenable que vous sortiez du parc pour aller causer avec une paysanne.

— Très convenable, très convenable, je vous assure. D'ailleurs, je ne veux pas causer avec la paysanne, je veux voir de près la drôle de bête.

Pour voir la drôle de bête, il fallut bien causer avec la paysanne, car Porcinet, effrayé par l'approche du petit chien, s'était caché dans les jupes de sa chère maîtresse. Edwige, essoufflée d'avoir monté, bien que la pente ne fût ni haute ni raide, se laissa tomber sur l'herbe et dit à Louison :

— Comment s'appelle le petit animal qui joue avec toi comme un chien? Je n'en ai jamais vu de pareil.

La petite vachère se mit à la regarder, la bouche ouverte, et l'air fort étonné. Puis, sans rien dire, elle tira Porcinet de sous son jupon et le montra à Edwige de tous les côtés.

Miss May, arrêtée à quelques pas, prit la parole d'un air digne et dit : — Eh bien! petite, n'entendez-vous pas que mademoiselle vous demande le nom de cet étrange animal. N'est-ce pas une loutre?

Pour le coup, Louison n'y tient plus, elle éclate de rire. Ne pas reconnaître un cochon !

prendre Porcinet pour une loutre! Certes, elle, pauvre fille! ne sait pas grand'chose, mais elle sait pourtant reconnaître un cochon et une vache, et une chèvre; et les éclats de rire continuent.

La gouvernante prend un air très offensé tandis qu'Edwige, gagnée par la contagion, se met à rire aussi. L'idée que la savante miss May n'a pas reconnu un cochon lui semble aussi fort drôle. Lorsqu'elles se furent un peu calmées, elle se mit à faire mille questions à Louison, et celle-ci lui raconta l'histoire de Porcinet, et lui montra ses talents. Déjà il savait donner la patte et rapporter dans sa bouche une petite baguette. Tout cela amusa beaucoup la petite Parisienne. Elle força son chien à faire connaissance avec le goret et bientôt tous deux se mirent à jouer ensemble.

Lorsque miss May déclara qu'il était temps de rentrer, les deux petites filles se séparèrent avec regret et se promirent de se retrouver là tous les jours.

Ce fut une heureuse rencontre pour chacune d'elles, car, lorsque Edwige apprit que la pauvre Louison ne savait ni lire ni écrire, elle lui proposa de lui donner des leçons, et miss May, tout en gardant son air roide, la laissa faire parce qu'elle vit que c'était une excellente distraction pour son élève. Elle daigna même l'aider à choisir et à faire confectionner des vêtements pour sa protégée. Comme elle fut heureuse, la petite vachère, lorsque, pour la première fois, elle se trouva tout de neuf habillée! Jusque-là, elle n'avait jamais eu d'autres robes que celles qu'on lui taillait dans de vieilles jupes rapiécées à dame Catherine.

On fit aussi la toilette à Porcinet. Les deux petites le baignèrent et le savonnèrent dans un ruisseau. Puis, quand il fut bien sec et bien propre, Edwige lui attacha un joli ruban bleu autour du cou.

LA SÉPARATION

C'étaient là de beaux jours pour la pauvre orpheline, mais ils ne devaient pas durer longtemps. Un matin, Edwige lui annonça que le docteur lui ordonnait d'aller prendre

des bains de mer et que, la semaine suivante,
elle partirait avec sa mère et sa gouvernante.
Son père seul resterait au château. Louison
fut consternée. Elle commençait justement à
pouvoir épeler, et ses leçons de lecture l'in-
téressaient beaucoup. Puis, elle s'amusait
tant avec Edwige; celle-ci était si bonne pour
elle, pauvre fille, qui jusque-là n'avait été
aimée que de son cochon. Il lui semblait que
tout son bonheur s'en allait. Elle ne reprit un
peu de courage que quand son amie lui eut
assuré que, dans deux mois, elle reviendrait
au château et qu'elle lui eut fait plusieurs
petits cadeaux, entre autres un livre facile
dans lequel elle lui recommanda de bien
s'exercer à lire.

Six semaines se passèrent assez tristement.
Cependant Porcinet était une grande distraction pour sa maîtresse. Il avait beaucoup
grossi et était devenu presque un grand cochon. Malgré la mauvaise réputation qu'ont
ses pareils, il était très propre, très intelligent, et très caressant pour Louison. Quel ne
fut donc pas le désespoir de la pauvre enfant
lorsque dame Catherine lui annonça que, le

vendredi suivant, Jean devait le prendre et aller le vendre au marché de la ville. Ce fut pour elle comme un coup de foudre ; elle ne pouvait y croire. — Vendre mon cochon ! mon Porcinet, que j'ai élevé avec tant de soins ! répétait-elle d'un air désolé. Cela n'est pas possible. — Ton cochon ! reprit aigrement la méchante fermière, n'est-il pas l'enfant de notre truie ? Est-ce que tu ne l'as pas élevé avec le lait de nos vaches ?

C'était vrai, et Louison fondit en larmes sans rien ajouter.

Jean, qui avait toujours été assez bon pour elle, lui dit : — Console-toi, fillette. Cela vaut mieux ainsi ; si on avait gardé ta bête, tu l'aurais vu tuer sous tes yeux, tandis que c'est pour l'engraisser qu'on la vend.

Louison ne l'écoutait pas ; elle sanglotait à fendre l'âme. Elle se représentait les cris de son pauvre ami, lorsqu'on lui attacherait les jambes pour le mettre sur la charrette, les mauvais traitements qu'il recevrait, l'affreux endroit où on l'enfermerait et, à la fin, le couteau du charcutier.

Et elle ! que deviendrait-elle sans son Porcinet! toute seule au monde. Oh! si au moins Edwige avait été là! elle l'aiderait à sauver ce pauvre animal qui l'amusait tant; mais elle ne devait pas encore revenir.

On était au mercredi, elle n'avait donc plus que la journée du lendemain à passer avec son fidèle compagnon. De toute cette nuit elle ne dormit pas un instant, elle ne fit que chercher dans sa tête un moyen de le sauver. Le matin, elle se leva à peu près décidée à ne pas revenir à la ferme, à abandonner ses vaches et à s'enfuir bien loin, avec Porcinet. En attendant, elle le conduisit sous les vieux chênes, à l'endroit où elle avait vu Edwige pour la première fois, et là, pendant que ses vaches se mettaient à paître autour d'elle, elle s'assit et recommença à réfléchir tristement; car elle sentait bien que c'était folie que de se sauver ainsi sans un sou dans sa poche; puis, si elle le faisait, elle ne reverrait plus Edwige. Que dirait celle-ci lorsque, en revenant, elle ne retrouverait plus sa petite Louison?

PORCINET DÉCOUVRE DES TRUFFES

Elle en était là de ses réflexions lorsqu'elle entendit Porcinet faire de petits grognements de satisfaction. Elle se retourna, et le vit occupé à fouiller avec son groin ou boutoir (c'est ainsi qu'on nomme le nez d'un porc), dans un trou qu'il avait fait près du chêne. Il tirait de ce trou des boules noires, assez semblables à des pommes de terre, et les mangeait avec délice.

Curieuse de voir ce que cela pouvait bien être, elle lui prit celle qu'il venait de déterrer et lui donna un petit morceau de pain à la place.

— Tiens ! cela sent bon, dit-elle. Je suis sûre que cuit, cela serait tout aussi bon que des pommes de terre. Je vais en faire une petite provision.

Elle continua donc à en faire déterrer par Porcinet, qui les échangeait volontiers contre du pain et paraissait même comprendre ce qu'on désirait de lui. Lorsqu'elle en eut une certaine quantité, elle les mit dans son tablier

et courut vers Jean qui labourait un champ,
à peu de distance de là. Il était justement
alors en train de causer avec un monsieur de
la ville. La petite lui demanda s'il savait ce
que c'était que ce drôle de légume qui poussait sans tiges ni feuilles, et si on pouvait le
manger.

Le monsieur, qui était un aubergiste, ne
laissa pas à Jean le temps de répondre et
s'écria d'un air fort étonné : — Mais ce sont
des truffes que tu as là ! de superbes truffes !
Où as-tu donc trouvé cela ?

— Sous les chênes de M. le comte, répondit l'enfant, c'est Porcinet, mon cochon, qui
les a découvertes.

— Et que vas-tu en faire? reprit l'aubergiste, veux-tu me les vendre !

— Vous les vendre ! s'écria Louison rou-
gissant de plaisir à une idée qui venait de lui
passer par la tête. Me donneriez-vous assez
d'argent pour acheter un jeune cochon?

— Oh, oh ! dit l'homme un peu surpris, la
petite est intéressée. Eh bien ! je te promets
de te donner plus d'argent qu'il ne t'en faut
pour cela, si tu veux t'engager à ne dire à

personne où tu as trouvé les truffes, et si tu
veux m'apporter toutes celles que tu décou-
vriras.

— Quel bonheur ! s'écria Louison ; alors
je garderai Porcinet, il sera à moi, bien à
moi, lorsque je l'aurai acheté !

En disant ces mots, son visage s'assom-
brit, elle réfléchit un moment, puis elle
dit : — Mais ces truffes, elles ne sont pas à
moi, elles sont à M. le comte, puisque je les
ai trouvées sous ses arbres. Si je déterrais
des pommes de terre dans un de ses champs
et que j'allasse les vendre, ce serait voler,
et il me semble que c'est la même chose. Je
ne veux pas être une voleuse, moi !

— Petite nigaude, dit l'aubergiste, ce
n'est pas du tout la même chose. Puisqu'il
ne sait pas qu'il a ces truffes, ce n'est pas
voler que de les vendre. D'ailleurs, puisque
tu dis qu'elles sont à lui, si tu les lui portes,
il ne te donnera pas un sou, tandis que moi
je t'offre un bon prix.

— C'est vrai, dit l'enfant en hésitant, il
ne sait pas qu'il les a, et puis, Porcinet,
mon cher Porcinet ! Cependant, ajouta-

t-elle, dans un champ de pommes de terre il
ne sait pas combien il y en a, et c'est pourtant voler que d'en prendre quelques-unes.
Les voleurs sont toujours punis, je le sais
bien. Non, non, décidément, je ne dois pas,

Je cours porter les truffes à M. le comte.

je ne veux pas vous les vendre, je cours les
porter à M. le comte.

— Petite niaise, dit l'hôtelier en lui tour-
nant le dos d'un air désappointé.

— Jean, cria Louison, je vous en prie,
veillez un instant sur mes vaches ; je re-

viens de suite. Et elle partit à toutes jambes comme si, en restant, elle craignait de succomber à la tentation. Porcinet se mit à galoper après elle et c'était fort drôle de voir ses petites jambes se démener ainsi.

— Holà ! que veux-tu, petite ? demanda un vieux domestique en voyant l'enfant et l'animal entrer ainsi dans la cour du château.

— Parler à M. le comte, dit Louison avec une révérence.

— Crois-tu qu'on parle ainsi à monsieur ? Dis vite ce que tu veux, et prends garde que ta vilaine bête n'entre dans la maison.

— Voyez, dit l'enfant timidement en ouvrant son tablier, je veux donner cela à M. le comte. On dit que cela vaut de l'argent.

Le domestique examina le contenu du tablier.

— Des truffes ! dit-il, et des belles, encore ! je crois bien que cela vaut de l'argent, tu en as là pour plus de dix francs. Mais c'est au cuisinier qu'il faut t'adresser, si tu veux les vendre.

— Je ne veux pas les vendre, reprit Louison, je veux parler à M. le comte. Oh ! je vous en prie, laissez-moi lui parler.

Le valet entra dans le château et revint bientôt suivi du comte lui-même.

— Ah ! dit-il en voyant Porcinet, la petite au cochon, dont Edwige m'a parlé si souvent. Que veux-tu, mon enfant ?

Louison devint toute rouge, hésita, puis dit :

— Voyez, monsieur, ces belles truffes. Mon cochon et moi, nous les avons trouvées dans votre bosquet de chênes, et, comme elles sont à vous, nous vous les apportons.

LE COMTE. — Comment ! tu as trouvé des truffes dans mon bosquet de chênes ; mais c'est une précieuse découverte que tu as faite là. Et tu me les apportes au lieu de les vendre ! tu ne sais peut-être pas qu'elles valent beaucoup d'argent.

LOUISON. — Oh ! si, monsieur, je le sais bien. L'aubergiste du *Lion d'Or* voulait me les acheter ; mais, comme elles étaient à vous, je ne pouvais pas les vendre.

LE COMTE. — Tu n'as sans doute pas besoin d'argent ?

LOUISON. — J'en ai bien grand besoin ; au

contraire, pour mon pauvre Porcinet. Et, en disant ces mots, elle fondit en larmes.

LOUISON ET PORCINET VONT DEMEURER AU CHATEAU.

Le comte, étonné de trouver tant de délicatesse chez une ignorante petite paysanne, lui parla avec bonté, l'encouragea et lui fit raconter toute son histoire. Lorsqu'elle eut fini, il lui dit :

— Porcinet et toi vous avez fait une découverte qui me sera très avantageuse, il est donc juste que vous en soyez récompensés. J'achète Porcinet à dame Catherine. Je le loge dans les dépendances du château, et tant qu'il vivra, il sera soigné comme un prince et n'aura rien d'autre à faire qu'à chercher des truffes. Quant à toi, ma fillette, comme je ne veux pas te séparer de ton cher ami et que je sais que ma fille t'aime beaucoup, je te prends aussi au château et je t'engage, tout en soignant Porcinet, à apprendre tout ce qui te sera nécessaire pour devenir un jour la femme de chambre d'Edwige. Cela te convient-il?

— Oh! monsieur, dit Louison tout émue,
je ne méritais pas un tel bonheur, car j'ai
été un moment bien tentée de vendre les
truffes.

— Et c'est justement, reprit le comte,
parce que tu as su résister à une grande
tentation, que tu le mérites. Du reste, rap-
pelle-toi, mon enfant, que presque toujours
le chemin de la probité est en même temps
celui du bonheur.

LA BONNE LOUVE

LA BONNE LOUVE

Il y avait une fois un prince qui était très
méchant et très cruel. Sa sœur s'étant ma-
riée sans sa permission, il en fut si en colère
qu'il ordonna qu'on lui enlevât ses deux
petits garçons pour les faire mourir.

Ces enfants étaient des frères jumeaux,
c'est-à-dire qu'ils étaient nés le même jour.
On les nomma *Rémus* et *Romulus*. Le domestique du méchant prince les mit tous les
deux dans une corbeille et les porta dans
une sombre forêt toute remplie de bêtes
féroces.

Il les déposa au pied d'un arbre, sur de
la mousse; puis, après les avoir regardés

d'un air de pitié, il s'éloigna, car il n'osait
pas désobéir à son maître.

Rémus et Romulus s'étaient endormis
pendant le trajet, mais le froid et la faim
ne tardèrent pas à les réveiller et ils se
mirent à pleurer de la manière la plus la-
mentable.

Romulus et Rémus furent élevés par une louve.

Il y avait par là une grosse louve qui er-
rait de tous côtés à la recherche de ses petits louveteaux, et la pauvre bête ne pouvait
pas les trouver, car un chien de berger les
avait égorgés. Elle entendit les cris des enfants et s'approcha d'eux; elle les flaira et
parut se demander s'il fallait les croquer.

Ils étaient roses et blancs et auraient sans
doute été un manger très délicat et pourtant

elle eut pitié d'eux : peut-être y avait-il dans leurs cris déchirants quelque chose qui lui rappela ceux de ses chers petits enfants loups. Elle se coucha auprès d'eux, les pressa contre elle, et les pauvres innocents, sentant ses mamelles pleines tout près de leurs bouches, se mirent à la téter. Depuis ce moment, la louve les adopta pour ses enfants, elle les léchait, les soignait, et si les autres animaux voulaient en approcher, elle se jetait sur eux.

Les petits garçons grandirent vite et devinrent très forts. Ils aimaient beaucoup leur grosse maman loup. Ils grimpaient sur son dos et lui tiraient la queue et les oreilles sans que jamais elle se fâchât.

Lorsqu'ils surent marcher ils la suivirent partout, et se mirent à manger la chair des animaux qu'elle tuait et qu'elle leur déchirait en morceaux.

Un jour, le prince leur oncle vint chasser dans cette forêt et fut fort étonné de voir deux petits garçons tout nus qui couraient après une louve. Il les fit attraper par ses gens. Rémus et Romulus ne savaient pas parler, ils grognaient, hurlaient comme des loups et voulaient mordre ceux qui les avaient pris.

Le prince les emmena dans son palais, les fit vêtir et leur fit donner une bonne éducation, car le domestique qui les avait perdus lui avait appris qu'ils étaient ses neveux et il se repentait d'avoir été si méchant pour eux.

Malheureusement, ces petits garçons se ressentirent toujours d'avoir été élevés au milieu des bêtes féroces; ils devinrent très forts et très braves, mais en même temps très cruels. Un jour ils se querellèrent si fort que Romulus dans sa colère tua son frère Rémus.

Cette querelle était venue à propos d'une ville qu'ils comptaient bâtir et à laquelle ils voulaient tous deux donner leur nom.

Romulus, resté seul, la nomma Rome.

LA VOLEUSE DÉCOUVERTE

LA VOLEUSE DÉCOUVERTE

NE DITES JAMAIS DE MENSONGE

Je vous assure, maman, disait la petite Sylvie, que ce n'est pas moi qui ai cassé ce carreau. Paul et Jean se battaient à coups de pierres et une d'elles est justement venue frapper dans la fenêtre.

— Méchante enfant, lui dit sa mère en la secouant rudement par le bras, te voilà encore à me faire des contes et à accuser les autres des sottises que tu fais.

— Mais, maman, je vous assure que ce n'est pas moi. Je n'ai pas bougé de ce coin.

— Tu n'as donc pas honte de mentir ainsi?

— Maman, je vous jure...

— Ne jure pas. A quoi cela sert-il? nous
ne te croyons plus.

— Qu'y a-t-il donc? demanda le père qui

La mère de Sylvie était chez l'épicier.

rentrait à l'instant du travail, et qu'a fait
Sylvie?

— Je l'ai laissée seule, répondit la mère,
pendant que j'allais chez l'épicier. Il n'y
avait personne près de la maison, et quand
je suis revenue, j'ai trouvé ce carreau de
vitre cassé. Maintenant elle ose prétendre
que ce n'est pas elle qui a fait cela.

— Papa, dit l'enfant en pleurant, je t'assure que ce sont les garçons qui ont jeté une pierre par là, en se battant.

— Je voudrais pouvoir te croire, reprit le père tristement; mais, si souvent déjà tu nous as menti que nous ne pouvons plus ajouter foi à ce que tu nous dis. Comment ne sens-tu pas toi-même combien ce défaut est horrible? et pourquoi ne cherches-tu pas à t'en corriger?

— Je t'assure que j'essaye, cher papa, mais on ne veut plus me croire et, à chaque instant, je suis grondée ou punie pour des choses que je n'ai pas faites.

— Eh bien! ce soir tu seras punie pour quelque chose que tu as fait, reprit brusquement la mère, car tu vas aller te coucher sans souper.

Sylvie monta dans sa chambre et se mit au lit en pleurant. Bientôt elle entendit les rires et les bavardages des autres enfants qui rentraient et soupaient gaiement. Oh! comme elle maudissait ce vilain défaut qui lui occasionnait tant de chagrin, car cette fois elle était innocente et, le lendemain, on trouva le caillou sous un meuble, et son frère Paul avoua qu'il l'avait lancé.

Sylvie avait beaucoup de bonnes qualités ; elle était propre, active, laborieuse et pleine d'intelligence et d'esprit. Malheureusement, lorsqu'elle était petite, on riait des drôles de choses qu'elle disait et elle s'était habituée à inventer toutes sortes de contes. Il n'y aurait pas eu de mal à cela, si elle ne les avait pas donnés comme vrais ; mais peu à peu elle prit l'habitude de répéter autrement ce qu'elle entendait dire et de mentir pour s'excuser, quand elle avait commis quelques fautes. Ses camarades d'école l'appelaient la petite menteuse, et cependant cela ne les empêchait pas de lui demander souvent de leur raconter des histoires, parce qu'elle savait le faire d'une manière amusante.

Un matin, en partant pour l'école, elles l'entourèrent et lui dirent :

— Oh! Sylvie, raconte-nous une belle histoire, aujourd'hui; mais une histoire vraie, tout à fait vraie.

— Quelle bonne idée! dit une autre. Tout

en marchant, cela fera passer le temps, car
la route est si longue d'ici à l'école !

En effet, elles étaient toutes des filles de
fermiers, et demeuraient assez loin de la
ville.

— Je le veux bien, dit Sylvie ; marchez à
côté de moi, mais ne me touchez pas, car
vos mains sont si noires qu'elles me sali-
raient. Vous ne les lavez donc pas avant de
partir ?

— A quoi bon ? dit Nancy, la plus mal-
propre de la bande, elles se salissent tout
de suite.

L'HISTOIRE DE LA PETITE ANNETTE

— Eh bien ! reprit Sylvie, je vais te raconter l'histoire d'une petite fille qui te res-
semblait et qui s'appelait Annette. Elle ne
pouvait souffrir de se laver et jetait des cris
perçants toutes les fois que sa mère voulait
la débarbouiller ou la peigner.

Elle mangeait avec ses doigts, répandait
sa soupe sur ses vêtements, et son plus

grand plaisir était de tripoter les choses les
plus sales. Voilà que, tout à coup, on s'aperçut que son nez et sa bouche s'allongeaient
en forme de museau, que ses bras et ses
jambes devenaient des pattes et qu'il lui
poussait une petite queue qui se tortillait
comme un tire-bouchon. Enfin, un beau
jour, son père ne trouva plus en rentrant
chez lui qu'un vilain cochon à la place de sa
petite fille.

— Oh ! Sylvie, s'écria Nancy, nous t'avions
demandé une histoire vraie ; celle-là n'est
bien sûr pas vraie, et je ne l'aime pas du tout.

— Laisse-la donc finir, dirent les autres
enfants.

Sylvie continua : — Le papa prit un bâton
et chassa l'animal jusque dans la cour, où il
se réfugia sur un tas de fumier. Après avoir
grogné, fouillé, mangé des ordures pendant
toute la journée, la petite Annette, quand le
soir fut venu, voulut rentrer à la maison.
Aussitôt tout le monde se mit à la chasser et
à la battre en lui disant : — Veux-tu te sauver, vilain animal ! tu sens mauvais et tu
es dégoûtant ! Il lui fallut donc retourner

sur son fumier où elle fit d'assez tristes réflexions sur sa position.

Le lendemain elle essaya de nouveau
d'aller trouver ses parents ; même traite-
ment, elle fut chassée plus cruellement encore. Alors elle se dit que si elle ne pouvait
pas redevenir une petite fille, au moins elle
pouvait cesser d'être un sale et puant animal. Elle alla donc à l'abreuvoir, entra dans
l'eau, se roula, se frotta et sortit de là
fraîche et rose. Alors, elle se regarda dans
le miroir de l'eau et trouva qu'elle ressem-
blait déjà beaucoup moins à un porc.

Au lieu de retourner se vautrer dans son
fumier, elle se mit dans l'endroit le plus
propre de la cour et mangea délicatement
des épluchures de légumes. Le soir nouveau
bain. Le lendemain de même, et au moment
où elle se séchait au soleil, sa mère se précipita vers elle en disant : Ah ! voilà ma
chère petite Annette que j'avais crue perdue !
et, la prenant dans ses bras, elle la porta à
son papa qui pleura de joie en l'embrassant.

— Eh bien ! dit Sylvie en finissant, n'est-
elle pas jolie mon histoire ?

— Oui, répondirent ses compagnes, seulement tu ne peux vouloir la faire passer pour vraie et nous faire croire qu'une petite fille peut être changée en cochon.

— Certainement qu'elle est vraie ! J'ai vu la petite Annette en cochon et en petite

Tenez, ce vieil âne a été un paysan.

fille. Ne savez-vous pas que lorsqu'on a un très grand défaut cela vous fait changer en un animal qui a ce défaut-là ? Tenez, ce vieil âne ! Eh bien ! il a été un paysan très entêté que mon père connaissait. Et moi, j'ai eu autrefois une amie qui était très bavarde et un peu voleuse ; elle a été changée en pie et très souvent elle vient me faire des visites dans ma chambre.

— Ton amie vient te faire des visites ? dit Nancy.

— Eh non ! la pie. Un matin, j'étais encore à moitié endormie, lorsque j'entends toc, toc, à ma fenêtre. Je me lève assez effrayée et je vois une belle pie avec son gros bec, sa longue queue et son habit noir et blanc. Elle semblait vouloir entrer. Je lui ouvre la fenêtre, elle vole sur la table et je vois qu'elle a aux pattes de belles petites bottes en drap rouge.

— Une pie avec des bottes ! quel conte tu nous fais là !

— Rien n'est plus vrai pourtant. Elle s'est mise à sauter, à voleter, à tout examiner dans ma chambre de la manière la plus drôle du monde ; seulement, lorsque j'ai voulu la toucher, elle m'a donné deux ou trois grands coups de bec et s'est en-volée.

Depuis, elle est revenue bien souvent, et

comme ma chambre est très chaude, et que
je laisse la fenêtre ouverte, la nuit quelquefois, en m'éveillant, je la trouve déjà là,
touchant à tout, furetant partout et me
jouant toutes sortes de niches. Mais, nous
voici arrivées devant la ferme où demeure

La pie voleuse.

ma sœur Maria. J'ai une commission à lui
faire. Allez toujours devant, je vous rattra-
perai.

Maria était la sœur aînée de Sylvie. Voyant
qu'il y avait beaucoup d'enfants à la maison
et que ses parents avaient bien de la peine
à se tirer d'affaire, elle avait demandé à se
placer comme petite bonne chez une riche
fermière. Elle travaillait de toutes ses forces
et on était très content d'elle. Sylvie venait
lui demander, de la part de ses parents, si

elle pourrait venir dîner le dimanche suivant avec eux.

— Oui, dit Maria, toute joyeuse, et mes maîtresses ont même eu la bonté de me permettre de rester jusqu'à lundi matin, à la condition que je serai de retour ici de très bonne heure.

— Oh ! tant mieux ! s'écria Sylvie, comme je serai contente de t'avoir encore à coucher dans ma chambre ! Sais-tu que je ne suis pas très rassurée, comme cela toute seule dans le haut de cette tourelle? La première fois que la pie est venue j'ai eu bien peur.

— La pie ! quelle pie ? demanda Marie.

— Comment, reprit Sylvie, je ne t'en avais pas encore parlé ? une belle pie avec des bas rouges.

— Sylvie, Sylvie, dit Maria tristement, voilà encore que tu me fais des contes. Allons ! cours vite à l'école, ou tu seras en retard, et à dimanche.

MARIA ACCUSÉE DE VOL

Cette journée du dimanche se passa très agréablement. Toute la famille était heureuse d'avoir la bonne Maria, si douce et si prévenante. Elle coucha dans le même lit que Sylvie et toutes deux ne s'endormirent qu'après avoir bien bavardé. Sylvie ne parla plus de la pie, puisqu'elle voyait qu'on ne voulait pas la croire ; mais elle espérait bien qu'elle viendrait le lendemain matin et qu'elle pourrait la montrer à sa sœur ; car si l'histoire du cochon n'était qu'une fable qu'elle avait inventée, celle de la pie était parfaitement vraie.

Justement, le lundi matin, l'oiseau ne vint pas, tandis que le mardi, la petite fille en s'éveillant le trouva déjà sautant, jasant et farfouillant autour de son lit.

Ce jour-là, au milieu de la classe de l'après-midi, Sylvie fut effrayée de voir arriver son frère Jean, qui, l'appelant à la porte, lui dit d'un air tout bouleversé, qu'il fallait qu'elle revînt de suite à la maison ; qu'il y avait des gens qui cherchaient dans sa chambre, que sa mère pleurait, qu'il était arrivé quelque chose à Maria, il ne comprenait pas quoi.

— Oh ! ma pauvre sœur ! que peut-il lui être arrivé ? s'écria l'enfant. Courons vite. Et ils partirent à toutes jambes.

Il était arrivé à la pauvre Maria que sa maîtresse l'accusait de l'avoir volée. Une broche en or, des boutons de manchettes, une chaîne et des médailles avaient disparu. Ces objets étaient serrés dans un petit meuble dont la fermière avait la clef, mais dans lequel Maria cherchait quelque chose le samedi précédent, justement au moment où Sylvie était venue lui parler. Le plaisir de voir sa sœur lui avait fait oublier de refermer le meuble qui était dans une chambre inhabitée, et depuis, elle n'y avait plus pensé. On savait que le lendemain elle avait été coucher chez ses parents, et on pensait qu'elle pouvait y avoir caché ces objets, car chez elle on n'avait rien trouvé.

Au moment où Sylvie arriva, on avait déjà cherché dans toute la maison et dans son propre lit ; cachés entre le bois de lit et la paillasse, on avait trouvé la chaîne, les médailles et les boutons. La broche seule manquait; on ne pouvait guère douter de la culpabilité de Maria, et on allait la conduire en prison.

La pauvre fille sanglotait.

— Ce n'est pas elle! s'écria Sylvie dès qu'elle eut compris de quoi il s'agissait. Je ne l'ai pas quittée d'un instant. Elle n'a rien caché. J'en suis sûre. D'ailleurs ces objets n'étaient pas là hier, je les aurais bien vus! Puis, s'arrêtant tout à coup : — La pie! s'écria-t-elle, c'est la pie qui les a apportés là, j'en suis certaine. Je me rappelle maintenant qu'elle avait quelque chose de brillant dans son bec, ce matin, quand elle furetait par ici.

— Ah! dit un des agents de police, si vous avez une pie, c'est différent. Ces oiseaux sont très voleurs et aiment beaucoup ce qui brille. Comme il y avait une fenêtre ouverte en face du meuble où se trouvaient les bijoux, elle a très bien pu les prendre et les apporter ici. Où est-elle votre pie?

— Nous n'avons pas de pie, dit le père

d'un air embarrassé. Je ne sais ce que l'enfant veut dire.

— Ce sont des contes qu'elle vous fait là, dit une méchante voisine. C'est une menteuse qui ne dit jamais un mot de vérité.

— Le fait est, dit une autre, que nous ne connaissons pas une seule pie apprivoisée dans tout le voisinage.

— Il y en a une pourtant, reprit Sylvie, puisqu'elle vient très souvent dans cette chambre ; seulement, comme elle entre par la fenêtre, les autres personnes de la maison ne la voient pas.

— Comment expliques-tu, demanda l'agent, que, recevant de si singulières visites, tu n'en aies parlé à personne ?

— J'en ai parlé quelquefois, répondit l'enfant, mais on ne m'a pas crue et je n'ai plus rien dit.

— Et on ne peut pas te croire non plus maintenant, puisque tu as la réputation d'être menteuse.

En disant ces mots, l'agent se tourna vers Maria, et, lui prenant le bras, lui dit : Allons, ma pauvre fille, il faut venir en prison ; si tu es innocente, on te relâchera.

Quelle position pour la malheureuse Sylvie ! voir sa sœur accusée, traitée comme une voleuse, la savoir innocente et ne pouvoir convaincre personne ! ses parents mêmes ne la croyaient pas. Oh ! comme elle maudissait son funeste défaut !

— Monsieur ! Monsieur ! cria-t-elle à l'agent, si je retrouve la pie, relâchera-t-on Maria ?

— Sans doute, si tu peux prouver qu'elle a pris les objets, lui fut-il répondu.

LA PIE VOLEUSE

L'idée qu'elle pouvait faire quelque chose pour prouver l'innocence de sa sœur rendit un peu de calme à Sylvie. Oh ! comme elle désirait revoir la pie ! et justement, il se passa deux longs jours sans qu'elle reparût. Le troisième, en s'éveillant, Sylvie eut le bonheur de voir l'oiseau sur la table de sa chambre. Elle se lève et sort bien doucement, pour aller chercher des témoins qui puissent dire l'avoir vue.

Il était de grand matin, et tout le monde dormait encore. Elle fait lever son père et une des filles de ferme et remonte avec eux dans sa chambre. Hélas ! elle n'avait pas pensé à fermer sa fenêtre et la pie était repartie sans laisser aucunes traces. Son père et la servante, croyant qu'elle les avait réveillés pour rien, se fâchèrent fort et dirent qu'une autre fois ils ne bougeraient plus.

Les parents de Maria étaient bien tourmentés, bien malheureux. Ils ne croyaient certainement pas que leur fille fût coupable, mais ils ne croyaient pas non plus l'histoire de la pie, parce qu'ils ne l'avaient jamais vue.

La chambre de Sylvie était, comme nous l'avons dit, tout en haut d'une tourelle et la seule de la maison dont les fenêtres donnassent d'un côté où il y avait de grands arbres, de sorte que l'oiseau volait des arbres dans la chambre et de la chambre dans les arbres sans être remarqué de personne.

Pendant ce temps, la pauvre Maria était toujours en prison, malade de chagrin, et Sylvie s'en désolait. A force de réfléchir à ce qu'elle pourrait bien faire, elle finit par se dire qu'une pie qui a du drap rouge cousu autour de ses pattes doit avoir été élevée et apprivoisée par quelqu'un et qu'il fallait tâcher de trouver où elle allait, puisqu'elle ne restait pas dans ce voisinage.

Elle avait vu qu'elle s'envolait toujours du même côté, et un jour, elle mit un gros morceau de pain dans sa poche, et au lieu d'aller à l'école elle se mit à marcher de ce côté-là.

Quand elle fut à une certaine distance, elle commença à s'informer si on ne connaissait pas une pie apprivoisée qui avait des bas rouges aux pattes. Pendant longtemps on lui répondit non, toujours non. Elle commençait à se décourager, lorsque quelques petits garçons lui dirent avoir souvent vu un semblable oiseau passer en volant, ou perché sur le haut d'un arbre. Elle se remit donc en marche avec plus d'ardeur que jamais.

Vers la fin de la journée, le découragement la prit de nouveau. Elle était bien fatiguée, elle avait faim, car son pain était mangé depuis longtemps. Ce qui l'inquiétait surtout, c'est que la nuit approchait et qu'elle n'était pas du tout sûre de pouvoir retrouver son chemin pour revenir à la maison. Elle commençait à ne plus savoir que faire, quand elle arriva auprès d'une belle propriété et vit de loin un jeune garçon qui se promenait en tenant sur son doigt quelque chose de noir et blanc. Elle s'avance : oh bonheur ! c'est un oiseau, c'est la pie ! Il n'y a pas à en douter ; voilà les bottes rouges. La grille est ouverte, elle entre et s'approche du jeune garçon. Arrivée près de lui, le courage lui manque pour s'expliquer, et elle fond en larmes. Étonné, effrayé du triste état où il voit la pauvre enfant, le jeune homme appelle sa mère. On entoure Sylvie ; on la questionne doucement, et elle raconte toute l'histoire.

— Comment, dit le jeune garçon, qui se nommait Georges, cette coquine de Margot profite de ce que je ne suis pas levé le matin pour aller si loin, et faire de si mauvais coups ? Mais maintenant, comment prouver aux juges que c'est bien elle qui est la voleuse ? Pour mon compte, je n'en doute pas, car je sais qu'elle a la passion de tout ce qui est en or.

— Tous les objets ont-ils été retrouvés ? demanda la dame.

— Non, répondit Sylvie, il manquait encore une broche en or et une pièce de monnaie percée d'un trou.

— Georges, dit la mère, si tu cherchais dans toutes les cachettes de ta vilaine bête, peut-être les y trouverais-tu.

— C'est une bonne idée, s'écria le jeune garçon, je sais où elle a commencé à faire son nid ; peut-être y a-t-elle caché ces objets.

Il partit en courant et, peu de temps après, revint d'un air triomphant. Il n'avait rien trouvé dans le nid, mais tout près de là, ayant déplacé un vieux sac de toile qu'on avait laissé à terre, il avait trouvé dessous toute une collection d'objets, qu'il versa sur les genoux de sa mère.

— Oh ! dit Sylvie, voici la broche, la pièce d'argent et un dé qui est à moi ! la coquine l'a pris dans ma chambre, et je le croyais perdu.

— Et des pelotons ! et des sous ! et des ciseaux ! ajouta la dame. Décidément, Georges, si tu veux garder cet oiseau, il faut que tu le mettes en cage. Tu vois l'inconvénient de le laisser en liberté. Allons, ma pauvre petite, viens au château te restaurer un peu. Pendant ce temps, on attellera la voiture et nous te reconduirons chez toi. Nous emporterons Margot, et j'espère que, dès ce soir, ta sœur pourra être remise en liberté et que, à l'avenir, tu ne déguiseras plus jamais la vérité.

— Oh ! Madame, s'écria Sylvie, j'ai été trop sévèrement punie pour n'être plus jamais tentée de recommencer.

En effet, l'innocence de Maria fut complètement reconnue et ses maîtres, désolés de l'avoir faussement accusée et de lui avoir causé tant de chagrin, lui firent un beau cadeau et augmentèrent ses gages.

Quant à Sylvie, depuis ce jour-là elle fut la petite fille la plus véridique du monde ; aussi, alors même que ce qu'elle disait paraissait extraordinaire, on la croyait toujours sans hésiter.

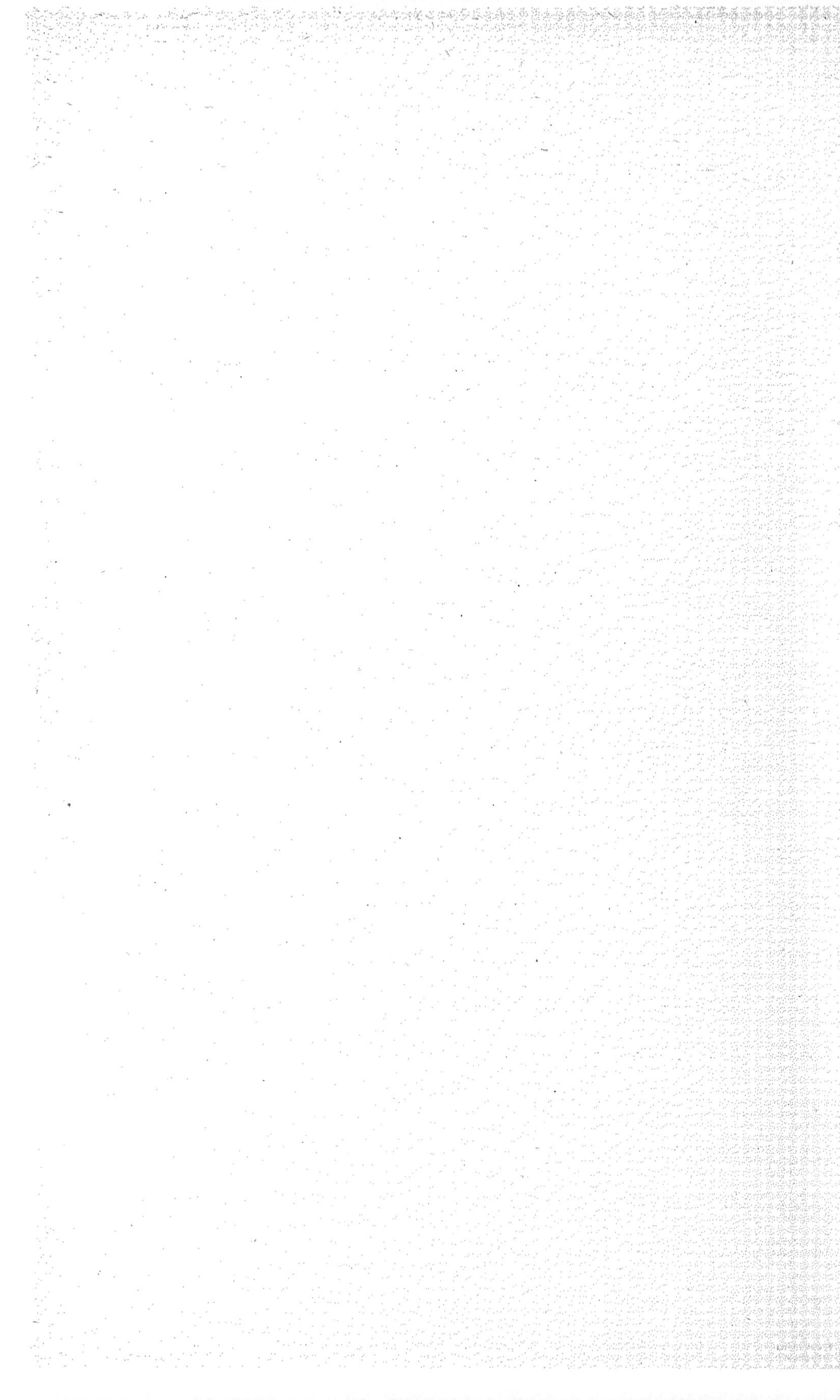

LA PARTIE DE CACHE-CACHE

OU LE CHEMIN DES ÉCOLIERS

La conduite de Jacques mettait sa femme et ses enfants dans
la plus grande misère.

LA PARTIE DE CACHE-CACHE

OU LE CHEMIN DES ÉCOLIERS

C'était par une belle matinée du mois d'avril, dans un port de mer, disons au Havre. Deux petits garçons sortaient de chez eux pour aller à l'école. L'aîné se nommait Philippe et le plus jeune Marcel. La route était assez longue depuis l'endroit où ils demeuraient jusqu'à l'école, et cependant, ce jour-là, ils la trouvaient trop courte; car ils n'avaient aucune envie d'arriver.

— Comme c'est ennuyeux, disait Philippe, d'aller s'enfermer dans cette triste salle d'école quand il fait si beau dehors !

— Ah ! oui, reprit Marcel avec un soupir,

j'aimerais bien mieux aller me promener dans la campagne; je suis sûr que tout est déjà couvert de fleurs.

Philippe. — Les anémones et les primevères sont fleuries. J'ai vu hier un garçon qui en avait un gros bouquet. Dis donc, si au lieu d'aller à l'école, nous allions dans le bois cueillir des fleurs?

Marcel. — Ce serait très amusant; mais maman nous a défendu bien des fois d'aller ailleurs qu'à l'école, et si elle l'apprend, elle nous punira.

Philippe. — Comment le saura-t-elle, à moins que tu ne sois assez nigaud pour le lui dire? D'ailleurs nous serons de retour pour les classes de l'après-midi; ainsi nous pourrons bien dire que nous avons été à l'école.

Marcel. — C'est égal, cela serait toujours une espèce de mensonge. Et puis, vois-tu! j'ai peur que nous ne nous perdions dans le bois, et qu'il n'y ait par là de méchantes bêtes.

Philippe. — C'est cela! c'est par poltronnerie que monsieur ne veut pas venir, et il fait semblant d'être plus obéissant que moi. Eh bien ! puisque tu n'oses ni aller dans le bois, ni manquer l'école, comme il est encore de bonne heure, nous allons faire le tour par les quais.

Marcel. — Oh ! Philippe, tu sais bien que c'est une des choses que nos parents nous défendent le plus ! Ils ont toujours peur que nous ne tombions dans les bassins.

Philippe. — Me prends-tu pour un tout petit enfant qui n'est pas solide sur ses jambes ? N'aie pas peur, je saurai bien t'empêcher d'approcher trop près du bord.

Marcel. — Il y a tant de monde, de charrettes, de ballots, de tonneaux, je suis sûr que nous nous ferons écraser. Je t'en prie, Philippe, n'y allons pas.

Philippe. — Reste si tu veux ; mais moi, j'y vais. Je m'exerce à dessiner des navires et il faut que j'examine comment ils sont faits.

SUR LES QUAIS

Marcel hésita un instant, se demandant s'il continuerait sa route ou s'il suivrait son

Sur le quai, on chargeait et on déchargeait de grands navires.

frère. Comme nous l'avons vu par ses discours, il n'était pas très brave et n'aimait pas beaucoup se trouver tout seul dans la rue. Philippe, de deux ans plus vieux que lui, lui paraissait déjà une protection ; aussi se décida-t-il à le suivre, tout en sentant qu'il agissait mal. Une fois sur le quai, il fut distrait par la vue des grands navires qu'on chargeait ou déchargeait, des matelots qui grimpaient sur les mâts et des grandes machines nommées *grues* qui enlevaient et déposaient les plus lourds fardeaux avec autant de facilité que s'ils eussent été des plumes. Ce qui amusa beaucoup les enfants, ce fut de voir embarquer des vaches et des cochons. On leur passait des sangles sous le ventre, et on les attachait à la grue qui les soulevait, tournait et les déposait sur leurs jambes dans le bateau. Les pauvres vaches leur faisaient bien un peu pitié, car elles se laissaient faire d'un air triste et résigné ; mais les cochons braillaient et se démenaient d'une manière si grotesque que cela faisait rire Philippe et Marcel aux éclats.

Tandis qu'ils étaient là, bouche béante, un homme se jeta contre eux et les bouscula, tout en grommelant et leur reprochant de s'être mis dans ses jambes.

Marcel effrayé se serra contre son frère en disant.

— Qu'a-t-il donc cet homme? est-il fou ?

Nous ne bougions pas, il vient tomber sur nous et c'est lui qui se plaint.

— Il a trop bu d'eau-de-vie, lui répondit Philippe, il est ivre et ne sait plus ce qu'il fait, ni ce qu'il dit.

— Pourquoi donc, reprit Marcel, s'est-il mis dans cet état-là? est-ce que c'est amusant? Il n'a pas du tout l'air de s'amuser, il ressemble à un animal, tiens! tout à fait à ce gros cochon qui est là-bas. Eh! vois donc comme il marche de travers. Notre petite sœur qui n'a qu'un an marche aussi bien que lui.

Tout en parlant, les deux garçons se mirent à suivre l'ivrogne à quelques pas en arrière. Ils arrivèrent alors à un endroit du quai où il y avait moins de monde; mais beaucoup de balles de café, de sucre et de coton, et de grandes tentes pour les abriter.

L'homme ivre eut la mauvaise pensée de passer entre les tentes et le bord du quai. Il chantait d'un air abruti une affreuse chanson, quand tout à coup ses pieds s'embarrassent dans une corde, il trébuche, fait quelques pas en avant, et, comme il ne peut pas se diriger, il va tout droit piquer une tête dans l'eau bourbeuse du bassin. Il n'y avait auprès de lui que Philippe et Marcel, qui se mirent à pousser des cris perçants et à appeler au secours. De braves marins accoururent, les uns prirent une grande perche terminée par un crochet, qui sert exprès pour cela, les autres firent approcher une barque, et bientôt l'homme fut repêché et amené sur le quai. Mais dans quel triste état! Il était sans connaissance; sa bouche, son nez, ses cheveux étaient remplis de vase, et ses vêtements étaient tellement déchirés par la perche qu'il était presque nu.

— C'est Jacques, dit un des hommes qui le secouraient, c'est la troisième fois que cela lui arrive, et cela ne l'a pas encore corrigé. Il est constamment ivre, et pendant ce temps, sa femme et ses enfants meurent de faim.

— A son âge, on ne se corrige plus, dit un autre. C'est quand on est jeune qu'il faut bien se garder de prendre de semblables défauts.

— Est-il mort? demanda Philippe timidement.

— Non, non, il en réchappera encore cette
fois-ci, grâce à vous qui l'avez vu tomber;
car s'il était resté plus longtemps sous l'eau,
avec l'estomac plein comme il l'avait, il serait
certainement mort. Il ne se passe guère de
jours qu'il ne s'en noie de ces ivrognes, et
souvent leur famille ne le sait que longtemps
après.

— Comme c'est affreux, dit un monsieur
âgé qui s'était approché du groupe; s'adonner
à la boisson, quand sans ce vilain défaut
on peut, en travaillant honnêtement, gagner
sa vie et celle de ses enfants !

— Bah ! dit un marin, l'ivresse n'est pas un
crime.

— Vous vous trompez, mon ami, lui répondit le monsieur; l'ivresse est la plus grande
des fautes, car, bien souvent, c'est elle qui
fait commettre toutes les autres.

A ce moment, Philippe se sentit frappé
sur l'épaule et, se retournant, vit une troupe
de gamins qui avaient tous assez mauvaise
façon. Parmi eux se trouvait un garçon

nommé Pascal qu'il connaissait parce qu'il venait quelquefois à l'école; celui-ci lui dit :

— Veux-tu faire une partie de cache-cache avec nous? Tu verras comme c'est amusant de se cacher derrière ces marchandises.

— Oh! non, se hâta de dire Marcel, encore tout ému de ce qui venait de se passer, nous allons nous rendre à l'école; n'est-ce pas, Philippe?

— A l'école! lui répondit Philippe d'un ton bourru, y penses-tu? Il est bien trop tard, il faut maintenant que nous attendions qu'il soit midi pour retourner chez nous. On croira que nous venons de l'école, et on ne nous grondera pas.

— En voilà un malin! s'écria Pascal, c'est lui qui n'est pas bête ! Alors tu peux bien jouer avec nous; car que feriez-vous jusqu'à midi? il en est encore bien loin.

OÙ CONDUIT LE MAUVAIS EXEMPLE

Philippe, très flatté d'être loué par un grand garçon, se laissa persuader, et la partie commença. Marcel suivait son frère, mais il

ne jouait pas de bon cœur. Bientôt il remar-
qua que les autres garçons restaient beaucoup plus longtemps qu'il n'était nécessaire,
cachés derrière les balles de sucre ou de café.
Il s'avança tout doucement près de l'un d'eux
et vit qu'il avait fait un trou avec son couteau
à une balle de cassonade et qu'il était en train
d'en remplir un petit sac.

Un garçon plus âgé aurait tout de suite vu
qu'il avait affaire à une bande de petits voleurs, et que la partie de cache-cache était
destinée à tromper les passants et les agents
de la police et à donner un prétexte aux
mauvais garnements pour se cacher derrière
les balles et faire leur coup; mais Marcel était
trop jeune et trop innocent pour deviner cela;
il s'approcha tout simplement de Pascal,
car c'était lui qui était ainsi occupé, et lui demanda ce qu'il faisait là. Le garçon sauta en
l'air comme si on lui avait tiré un coup de pis-
tolet à l'oreille; puis, s'avançant sur Marcel
d'un air menaçant, il lui dit avec un gros
juron :

— De quoi te mêles-tu, petit mouchard ?
ce sucre n'est pas à toi, qu'est-ce que cela

te fait si j'en veux goûter un peu? Ne t'avise pas de dire à personne ce que tu as vu, ou je te ferai un mauvais parti.

— Mais tu ne le manges pas, dit le petit, tu le mets dans ce sac.

— Nigaud ! c'est pour en porter aux camarades.

Au moment où Pascal disait ces mots, un coup de sifflet se fit entendre ; c'était sans doute un signal, car aussitôt il jeta le sac à Marcel en lui criant : — Tiens, prends-le et sauve-toi ; voilà la police.

En effet, presque immédiatement plusieurs hommes parurent traînant après eux quelques gamins qu'ils avaient arrêtés. L'un de ces hommes posa lourdement sa main sur l'épaule de Marcel, qui restait là, immobile, interdit, et s'écria :

— En voilà encore un, et celui-là ne peut pas nier. Tenez ! il a encore un sac de cassonade à la main, et voilà une balle éventrée avec son couteau auprès.

— Moi, moi ! balbutia le pauvre enfant en fondant en larmes. Je vous assure que je n'ai rien pris !

Philippe s'était tenu un peu à l'écart, caché au milieu de la foule qui s'était amassée autour d'eux. En entendant la voix de son frère, il se précipita vers lui, en criant :

— Ne l'emmenez pas ! ce n'est pas un voleur, c'est mon frère, mon pauvre petit frère que j'ai entraîné ici.

— Ah ! ah ! dit un des agents, tu faisais donc aussi partie de la bande. Et il s'avança pour le saisir ; Philippe, effrayé, se cacha vite dans la foule, et aidé par quelques femmes qui eurent pitié de lui, il parvint à se sauver et se mit à courir à toutes jambes du côté de la maison. Il entendit encore pendant quelque temps les cris désespérés de son frère qui l'appelait à son aide, mais que pouvait-il faire pour lui ? Il fallait aller au plus vite prévenir son père de ce qui était arrivé, et, s'il se laissait emmener en prison, il ne pourrait y aller. Il courut sans hésiter jusqu'à la porte, puis il s'arrêta, et devint tout pâle. C'était terrible de dire : J'ai entraîné mon jeune frère, je l'ai empêché d'aller à l'école, je l'ai mené dans une mauvaise société, et maintenant il est arrêté et

conduit en prison comme un voleur. Comme
son père allait être en colère ! S'il allait le
frapper, le tuer peut-être ! Et il hésitait à
ouvrir la porte et tremblait de tous ses mem-
bres. Puis, l'idée de la détresse et des cris
déchirants de son frère lui revenant, il se
précipita dans la chambre.

Sa mère y était seule, la confession fut un
peu plus facile.

Dès que la pauvre femme eut compris ses
paroles entrecoupées, elle le prit par la
main et dit :

— Allons, allons ! vite, je veux parler à
ces gens. Ils ne peuvent refuser de me rendre mon malheureux enfant. Ton père est
dans l'atelier, appelle-le et partons vite.

Ils partirent tous trois. Ses parents ne lui
dirent pas un mot de reproche, peut-être
voyaient-ils à sa figure bouleversée qu'il
était assez puni.

Malgré toutes leurs démarches, ils ne
purent réussir à voir Marcel ni à le faire
relâcher le jour même. Il dut passer toute
une nuit en prison. Nuit terrible pour toute la
famille et surtout pour le coupable Philippe.

Le lendemain, on remit le pauvre petit garçon en liberté et on le rendit à ses parents. On avait découvert que le couteau était à Pascal, et celui-ci avait avoué avoir donné le sac à l'enfant pour s'en débarrasser. Ainsi son innocence était pleinement reconnue. Seulement il avait été si effrayé et avait tant souffert qu'il fut gravement malade.

Vous pouvez facilement vous figurer les angoisses du malheureux Philippe tant que son frère fut en danger, et son bonheur lorsqu'il le vit enfin guéri. Je puis bien vous assurer que, depuis ce jour-là, il ne fut plus jamais tenté de prendre le chemin des écoliers au lieu d'aller tout droit où son devoir l'appelait.

TABLE DES MATIÈRES

ENFANTS ET ANIMAUX

FIN DE LA TABLE DES MATIÈRES.

3420-85. — Saint-Denis. Imp. Picard-Bernheim et Cⁱᵉ

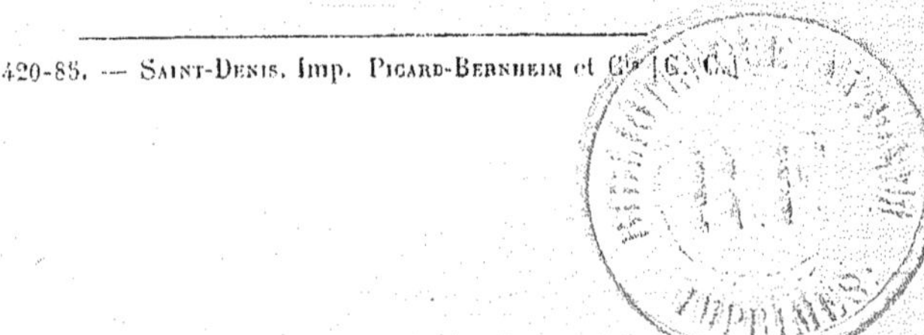

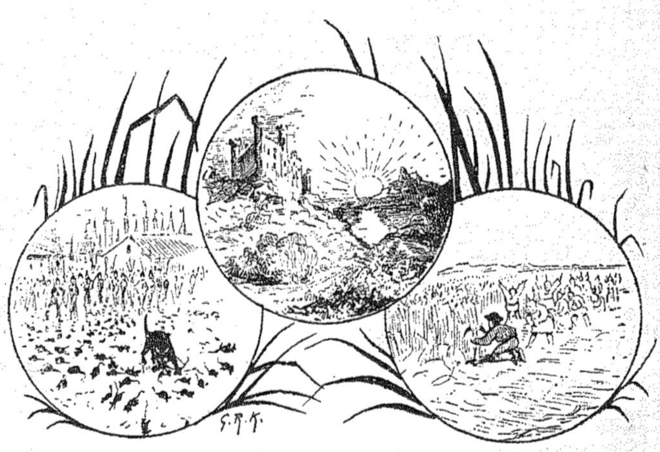

Saint-Denis. — Imprimerie Picard-Bernheim et Cie. — U. P.

www.ingramcontent.com/pod-product-compliance
Ingram Content Group UK Ltd.
Pitfield, Milton Keynes, MK11 3LW, UK
UKHW020906120726
13693UKWH00003B/915